AF460784

# LES DUNES DU NORD

ET DU

# SUD-OUEST DE LA FRANCE

PAR M. BÉRAUD,

Conservateur des Forêts.

*Mémoire lu à l'Académie d'Amiens, dans sa séance du 18 Janvier 1866.*

AMIENS
TYPOGRAPHIE DE E. YVERT, RUE DES TROIS-CAILLOUX, 64

1866

# LES DUNES DU NORD

ET DU

# SUD-OUEST DE LA FRANCE

PAR M. BÉRAUD, CONSERVATEUR DES FORÊTS.

(*Séance du 18 Janvier 1866*).

## I.

Depuis les bouleversements qu'il a subis pendant l'époque tertiaire de sa formation, depuis le cataclysme diluvien, notre globe n'a éprouvé aucune grande révolution du même genre; cependant il s'opère à sa surface des modifications incessantes dont l'eau si abondante et qui joue un rôle si important dans la nature est, sans contredit, la cause principale.

Des géologues assurent, qu'en s'infiltrant à travers le sol après avoir dissous certains sels minéraux répandus dans ses couches superficielles, les eaux pluviales déposent à une certaine profondeur ces sels, qui, avec le temps, constituent des roches dont la formation est ainsi continue et, par conséquent, beaucoup plus récente qu'on l'avait cru pendant longtemps.

C'est ainsi que ces géologues expliquent l'existence de certains bancs calcaires, de minerais de fer et d'autres roches qu'on croyait appartenir à des époques très-reculées dans l'histoire géologique, et, pour notre modeste part, nous nous rangeons à cette opinion en nous rappelant que nous avons vu dans les landes de la Guienne de nombreux minerais dont la formation n'avait pas d'autre cause que celle dont nous parlons.

Sur le grès ferrugineux et imperméable dont se compose le sol superficiel de ces landes, les eaux pluviales se sont bientôt chargées d'oxide de fer. Elles entraînent, d'ailleurs, dans les dépressions du sol quantité de débris minéraux et végétaux qui, baignés par ces eaux et pénétrés des éléments ferrugineux qu'elles contiennent, se transforment avec le temps en minerais de fer par gisements assez puissants pour alimenter des hauts fourneaux considérables.

Ce sont les eaux qui, en descendant des montagnes, entraînent la terre végétale, quand celles-ci sont déboisées et qui, en s'écoulant impétueusement par mille torrents, se réunissent en plaine dans la vallée principale pour la dévaster momentanément, mais aussi pour la fertiliser par la quantité de limon qu'elles y déposent à chaque inondation.

Ce sont les dépôts formés, soit par les eaux douces des fleuves se déversant à la mer, soit par les eaux de mer refluant vers le continent, qui ont amené l'atterrissement successif de baies si étendues autrefois, si réduites ou entièrement comblées aujourd'hui.

Ce sont les eaux de la mer qui, lorsqu'ils sont formés de roches friables ou peu consistantes, entament certains promontoires et avancent de plus en plus leurs limites vers les terres, obéissant ainsi à une sorte de loi de nivellement qui ne paraît avoir rien que de très-naturel, si on considère que la mer doit nécessairement se faire ailleurs la place qu'elle occupait et dont elle a été dépossédée dans les baies.

Enfin ce sont aussi les eaux de la mer qui ont rejeté sur les plages ces masses de sables siliceux que les vents d'Ouest ont ensuite transportés et continuent à transporter sur les terres où ils s'accumulent en monticules des formes les plus diverses, séparés entre eux par des plaines sablonneuses aussi irrégulières, et qui composent dans leur ensemble une chaîne de monts obéissant à l'action des vents, tant que la main de l'homme n'est pas parvenue à les arrêter.

Cette formation connue partout sous le nom de Dunes, du mot celtique Dun (hauteur), occupe, en France, une partie des côtes de l'Océan. Elle s'étend de l'embouchure de l'Adour à celle de la Gironde. On la retrouve sur les côtes de la Saintonge, à Royan, aux îles de Ré et d'Oléron ; sur quelques côtes du

Poitou, de la Bretagne et de la Normandie et elle reparaît sur le littoral de la Manche, du Pas-de-Calais et de la Mer du Nord.

C'est de ce genre de formation et c'est principalement des Dunes des départements du Nord que je parlerai aujourd'hui ; mais comme je dois à certaines circonstances de connaître les côtes du Golfe de Gascogne, cette terre classique des Dunes, et comme les formations naturelles, ainsi que beaucoup d'autres choses ne peuvent être convenablement étudiées que par comparaison, je descendrai quelquefois jusque dans la Guienne pour mieux établir les différences qui existent entre les Dunes du Nord et celles du Midi.

## II.

Nous avons lu dans certains ouvrages que les sables des Dunes étaient généralement de provenances lointaines ; on allait même jusqu'à soutenir qu'ils avaient été apportés par la mer de continents éloignés.

Sans doute, il ne serait pas impossible que des grains de sables pouvant, en vertu d'une loi physique, se tenir en suspension dans la mer et obéissant à l'action des flots, voyageassent ainsi et fussent transportés à de très-grandes distances ; mais on se demande pourquoi on irait chercher si loin l'origine de ces Dunes, quand on trouve si facilement près de soi, dans la nature minéralogique des terrains environnants, la cause de leur formation.

Nous avons dit que le terrain superficiel des landes de la Guienne se composait d'un gisement de sable cimenté par l'oxide de fer. En se prolongeant à une grande distance vers l'Ouest, ce grès ferrugineux sert de lit à l'Océan. Dans ses agitations violentes la mer en désagrége les diverses parties, dissout l'oxide de fer et il ne reste plus que les grains de sable que les courants marins transportent le long des côtes et que le flot pousse sur le rivage d'où le vent les emporte sur les terres pour former les Dunes du Golfe de Gascogne.

La formation des Dunes du Nord a une origine analogue.

La Manche est bordée du côté de la France par le terrain crétacé supérieur qui constitue les reliefs du haut Boulonnais, de l'Artois et d'une partie de la Picardie; qui contient dans ses assises supérieures, notamment du côté de St-Valery-sur-Somme, une puissante couche sablonneuse et dans les roches crayeuses de laquelle se trouvent des quantités considérables de rognons siliceux.

Cette formation, en s'abaissant sur certains points, sert de lit à la mer; en s'exhaussant sur d'autres, constitue, depuis le bourg d'Ault jusque près du Hâvre, des falaises élevées.

Depuis longtemps la mer a désagrégé la couche

sableuse sur laquelle elle reposait. Une portion des sables, poussée par les flots, a contribué, avec les limons argileux et calcaires amenés principalement par les rivières, ou par les eaux descendant des coteaux vers la mer, à former dans la baie de Somme de riches alluvions analogues à celles qui existent dans la Flandre, dans le Poitou et dans d'autres contrées maritimes ; mais quoiqu'elle ait été refoulée dans son lit par ces atterrissements naturels, la mer n'a cessé d'apporter sur ses bords d'autres sables qui, rencontrant les terrains d'alluvion qu'elle avait formés et élevés à son niveau, ne pouvaient plus, lorsqu'ils étaient chassés par les vents, que s'amonceler au-dessus de ces terrains sous la forme de Dunes.

Chaque jour les falaises crétacées et peu consistantes dont je parle, sont minées et entamées par la mer qui en détache des masses considérables.

Bientôt la mer dissout la craie qui sert d'enveloppe aux rognons siliceux. Ceux-ci fortement agités par les flots se brisent, et de leurs débris arrondis par un frottement incessant, provient une partie des sables qui, dans ces parages, tapissent le fond de l'Océan.

Mais avant qu'ils ne soient entièrement usés par ce frottement, quantité de ces débris réduits en galets et charriés du Sud au Nord par un fort courant marin, sont jetés sur le rivage et forment depuis le bourg d'Ault jusqu'à l'embouchure de la Somme, une puissante digue littorale. (1)

L'existence bien constatée et la puissance de ce courant le long des côtes de France expliquent, d'ailleurs, facilement comment les sables provenant des terrains situés au Sud de la baie de Somme ont pu contribuer à la formation de Dunes beaucoup plus au Nord.

Enfin il ne faut pas perdre de vue que l'Angleterre est bordée vis-à-vis les côtes de France non-seulement par le terrain crétacé inférieur qui comprend les grès verts; mais aussi par le terrain crétacé supérieur, et que les débris siliceux et insolubles de ces terrains ont pu, transportés par les

(1) Entre cette embouchure et les falaises du bourg d'Ault, il existe près de la côte d'anciennes Dunes produites par les sables de la mer, mais aux bancs de sables qui couvraient le rivage et qui, pendant longtemps ont alimenté ces Dunes, ont succédé les galets dont je parle.

Poussés par les flots, ces galets remontent de plus en plus vers le Nord; ils menacent même d'envahir l'embouchure de la Somme et il ne serait pas impossible que, chassés d'un côté à l'autre du fleuve, ils finissent un jour par former au Nord comme au Sud de la baie qui porte son nom, une digue entre la chaîne des Dunes et la mer.

On comprend, d'ailleurs, que les sables qui, à l'exclusion de presque tout autre élément, formaient le rivage de l'Océan, ne pourraient plus alimenter que difficilement pendant un temps les Dunes partout où, comme au Sud de la Somme, ils auraient à franchir une chaussée de galets.

Ce serait une phase toute nouvelle dans l'existence des Dunes de la Manche; mais à cette phase pourrait en succéder

courants qui leur ont fait traverser le Pas-de-Calais, contribuer également à la formation des Dunes de notre littoral.

C'est toujours sur les terrains qui sont au niveau de la mer, ou qui s'élèvent en pente douce au-dessus de ce niveau comme certains coteaux de l'Artois, que s'accumulent les sables et que se forment les Dunes ; on conçoit, en effet, que, partout où les côtes se relèvent assez brusquement pour ne pouvoir être franchies par les sables, ceux-ci, sans cesse ballottés par les flots d'autant plus agités qu'ils rencontrent plus d'obstacles, soient charriés par les courants qui longent le continent et qu'ils ne s'arrêtent que sur les côtes basses et unies où la mer s'étendant plus librement jusqu'aux limites qu'elle

une autre ; car si on considère que la formation crétacée d'où se détachent les galets dont l'invasion vers le Nord est si rapide, n'a que peu d'épaisseur, et qu'à raison de son peu de consistance, elle peut, dans un délai assez court, eu égard à la durée des temps géologiques, être entièrement minée et détruite sur certains points ; si on considère, en outre, qu'après cette destruction, la mer attaquera une roche *argilo-siliceuse* beaucoup plus friable, de l'époque tertiaire, on peut supposer, avec toute apparence de raison, qu'obéissant au courant qui a amené la superposition des galets aux sables du littoral, les limons provenant de la décomposition de cette roche se déposeront à la partie inférieure des bancs de galets. On peut penser aussi que si cette roche contient des couches très-siliceuses, les sables qui en proviendront se superposeront à leur tour aux galets et que, chassés bien au-delà par les vents, ils viendront alimenter les Dunes actuelles ou en constituer de nouvelles.

s'est tracées elle-même depuis des siècles, et étant, par conséquent, moins agitée qu'ailleurs, peut déposer les éléments qu'elle tient en suspension.

## III.

Pourquoi et de quelle manière, dans la formation des Dunes, les sables s'amoncèlent-ils les uns sur les autres en monticules séparés entre eux par des intervalles inégaux ? Y a-t-il, en un mot, une loi qui préside à cette formation ?

Rejetés sur le rivage, les sables sont repoussés par les grandes marées jusque sur la chaussée littorale où, participant à l'humidité de la mer, ils se dessèchent trop lentement pour obéir à l'action des vents les plus ordinaires ; mais quand, par un ciel sans brouillards ou par un soleil longtemps radieux, les sables sont devenus plus secs, et quand les vents soufflent avec violence, ceux-ci les chassent au-delà de la digue ; leur marche est cependant toujours lente, et ils s'élèvent peu les uns au-dessus des autres tant qu'ils restent près de la mer.

A mesure qu'ils s'en éloignent et qu'ils perdent de leur humidité, les sables les plus superficiels et les plus secs obéissent plus facilement à l'action des vents et glissent sur les sables inférieurs. S'ils rencontrent quelque obstacle, la moindre éminence, un arbuste, ils s'amoncèlent en ce point pour former un monticule qui, par une pente doucement inclinée de l'Ouest à l'Est, s'élève d'autant plus haut, que la masse en mouvement est plus grande. Du sommet de cette Dune le sable retombe sur le sol par une pente versant rapidement à l'Est (1) et ne tarde pas à recouvrir l'obstacle dont je parle ; on conçoit que successivement mis au jour par l'ascension des sables supérieurs, les sables inférieurs, chassés à leur tour par le vent parviennent à la même hauteur pour retomber aussi, et que, quand cette Dune a ainsi roulé pendant longtemps sur elle-même, l'obstacle qui en avait été et la cause et le centre, finisse par se découvrir, pour être un jour encore recouvert par d'autres sables.

Si le vent soufflait toujours dans la même direction sur un plan parfaitement uni, les sables formeraient dans leur marche une nappe uniforme et continue, s'avançant parallèlement à elle-même.

Mais les choses ne se passent pas aussi régulièrement. J'ai parlé des obstacles au-dessus desquels ces sables s'amoncèlent pendant que sur d'autres points ils continuent à s'avancer.

D'un autre côté les vents soufflent dans toutes les directions et chassent les sables, tantôt perpendiculairement, tantôt parallèlement à la côte, tantôt en formant avec elle les angles les plus divers.

Ce sont, il est vrai, les vents de mer qui, sur les côtes, sont les plus fréquents et les plus violents ;

(1) Généralement 1m 50 de base pour 1m de hauteur.

ce sont eux surtout qui mettent les sables en mouvement ; mais la marche de ces sables de l'Ouest à l'Est est, en certains temps, contrariée par les vents de terre qui les repoussent quelquefois dans une direction opposée à celle qu'ils suivent le plus souvent.

On comprend que, par toutes ces causes, il s'opère dans ces masses de sables des écartements , des déchirures en tous sens, et que les intervalles qu'on remarque entre les Dunes, et qui constituent les vallées des chaînes de cette formation, s'agrandissent ou s'amoindrissent ; en un mot, se modifient plus ou moins à chaque tempête.

Il est facile , par conséquent , de comprendre régulière ne préside à la formation des Dunes et que, qu'aucune loi dans leur marche, les sables n'obéissent qu'au caprice des vents.

## IV.

C'est un spectacle grandiose et des plus singuliers que les Dunes de Gascogne par une tempête violente. Sous forme d'une vapeur épaisse, les sables obéissent à l'impulsion du vent ; ils vous frappent et vous aveuglent, et à l'aspect de ce désordre extrême, on comprend la rapidité avec laquelle ils s'avancent jusqu'à ce qu'avec le calme des vents, l'immobilité des Dunes succède à leur agitation et que leurs masses effrayantes s'arrêtent pour recommencer à se mettre en mouvement quand survient une tempête nouvelle.

Le long du Golfe de Gascogne la chaîne des Dunes a une largeur moyenne de 5000 mètres; sa plus grande hauteur est de 80 mètres et elle occupe une surface de 88,000 hectares environ, dont 57,000 de monts et 31,000 de plaines ou vallées intérieures, non compris les vastes étangs et marais qui en dépendent. Dans les départements maritimes des anciennes provinces de la Saintonge, de l'Aunis, du Poitou, de la Bretagne et de la Normandie leur contenance est de 19,600 hectares.

Dans la Picardie, l'Artois et la Flandre, les Dunes, d'une largeur moyenne de 1,500 mètres et d'une hauteur *maxima* de 12 mètres, s'étendent sur près de 12,000 hectares.

En totalité 119,600 soit 120,000 hectares sur les côtes de l'Océan.

On calcule qu'avant d'être fixée comme elle l'est aujourd'hui, la masse des Dunes du Golfe de Gascogne s'avançait de quatre à cinq mètres par an dans les terres, tandis qu'on ne peut guère estimer qu'à un mètre la marche annuelle des Dunes de la Manche.

On serait presque tenté de conclure du rapport qui existe entre la largeur actuelle de chacune de ces chaînes et la distance annuellement parcourue par l'ensemble de leur masse, que les sables de la première chaîne ont commencé, il y a douze à treize cents ans, et ceux de la seconde, il y a 1500 ans à envahir les lieux qu'elles occupent actuellement ; mais il est évident qu'un calcul arithmétique aussi simple ne peut suffire pour un pareil problème dont la solution est impossible faute de savoir le temps qu'il a fallu pour la formation des alluvions sur lesquelles reposent le plus généralement les Dunes. On ignorera, d'ailleurs, toujours si la marche de ces Dunes n'a pas été dans le principe beaucoup plus lente qu'à partir du moment où les sols d'alluvion, après être restés pendant longtemps peu solides, se sont complètement raffermis.

Il est donc permis seulement d'assurer que si la mer a pu commencer à rejeter des sables sur ses rives dès l'existence du continent actuel, les Dunes, avec les caractères physiques qu'on leur connaît depuis longtemps, sont postérieures non-seulement à l'époque diluvienne, mais aussi à la formation des alluvions sur lesquelles elles reposent.

Dans leur marche rapide les sables de la Guienne ont envahi des habitations et des forêts, et plusieurs fois, sur le sommet des Dunes, nos pieds ont foulé la toiture d'anciennes constructions ou la cime de chênes et de pins élevés.

Nous ajouterons que quand ils étaient déblayés des sables qui les pressaient de toutes parts depuis des siècles, on reconnaissait que, privés d'air et préservés dans cette enveloppe contre toute cause d'altération, ces arbres, quoique entièrement desséchés, étaient restés, jusqu'à présent, dans un état remarquable de conservation.

Les invasions des Dunes du Nord n'ont jamais été si rapides, et, en les parcourant, je n'ai découvert aucun vestige d'objets analogues à ceux qui s'aperçoivent au sommet des Dunes du Midi. Cependant sur le sol débarrassé des sables qui le recouvraient dans le bas Boulonnais, on a trouvé récemment, en quantité considérable, des haches celtiques qui semblaient indiquer, soit un ancien champ de bataille, soit le lieu d'une ancienne fabrication de ces armes.

## V.

A la surface des Dunes du Midi, les sables échauffés, desséchés par un soleil brûlant, ont une mobilité telle, qu'aucun végétal ne peut s'y implanter naturellement et ce n'est que dans les parties les plus basses et les plus humides, près de la mer où le sable se meut plus difficilement qu'ailleurs, qu'on rencontre à l'état naturel le gourbet *(arundo arenaria)* et l'immortelle de mer ; mais aucune végétation n'apparaît spontanément ailleurs et n'apporte le moindre obstacle à la marche des Dunes qui conservent partout la teinte blanchâtre des sables dont elles sont formées.

Sous un climat plus froid et plus humide, les sables des Dunes du Nord sont moins secs à la surface, et il faut des vents plus violents pour les mettre en mouvement. Ces sables sont même, sur plusieurs points, si stationnaires pendant certaines saisons de l'année, que quelques maigres graminées et le gourbet auquel, dans le Nord, on donne le nom d'oyat, s'y implantent naturellement, même loin de la mer.

Aussi est-ce dans la Guienne qu'ont été tentés les premiers efforts pour prévenir, par des travaux de fixation, notamment par des reboisements, les invasions des sables mouvants.

Il est certain, d'ailleurs, que ces efforts ont été couronnés de succès, si l'on en juge par l'existence de très-anciennes forêts sur des Dunes très-avancées dans les terres et tout aussi élevées que les Dunes d'une formation beaucoup plus moderne.

Ces faits dont l'antiquité est constatée non-seulement par des arbres plusieurs fois séculaires, mais aussi par des titres remontant à des temps très-reculés et constitutifs de droits de propriété ou d'usage en faveur de plusieurs communes, prouvent, d'une manière irrécusable, que ces Dunes ont été fixées par la main de l'homme à une époque reculée, car on ne peut admettre que celles-ci se soient assez immobilisées naturellement pendant un certain temps pour avoir pu se repeupler spontanément, comme les terrains fermes ordinaires se couvrent de plantes naturelles.

De tout temps, en effet, quelques propriétaires plus ingénieux que d'autres, ou plus soucieux de la défense de leurs terres, ont mis en usage certains procédés de fixation enseignés par d'anciennes traditions ; mais ces efforts étaient très-limités, et la stérilisation de tant de terrains recouverts par les sables sur les diverses côtes de la France démontre que généralement autrefois les populations et l'Etat ou se résignaient patiemment à l'invasion des Dunes, ou n'avaient que peu de moyens de l'arrêter.

Mais il n'en est plus ainsi.

Vers les premières années du 19me siècle, après plusieurs essais commencés dès 1788 et 1789, le célèbre Brémontier fit adopter par l'Etat un système général de fixation des Dunes dans tous les départements maritimes.

D'un autre côté, l'Etat se décida à prendre en mains la défense du pays contre le fléau dont je parle, et il intervint, en 1810, un décret qui, prévoyant le cas où les propriétaires des Dunes n'auraient ni la volonté ni les moyens d'arrêter la marche des sables, donna au Gouvernement la faculté de se substituer à eux et de combattre le fléau par les puissants moyens dont il dispose.

Ainsi, aux termes de ce décret, dont je ne cite que la disposition générale, l'administration publique peut, dans l'un ou l'autre de ces cas, être autorisée à pourvoir à la plantation à ses frais ; elle conserve, d'ailleurs, la jouissance des Dunes et recueille les fruits des coupes qui peuvent y être faites jusqu'à l'entier recouvrement des dépenses et des intérêts ; après quoi, les Dunes retournent aux propriétaires, à la charge, par eux, d'entretenir convenablement les plantations.

C'est dans les Dunes de la Guienne que le nouveau système commença à être appliqué au moyen de semis de pins maritimes, et il faut que les résultats obtenus aient été satisfaisants pour qu'on n'ait cessé, jusqu'à ce jour, d'employer les mêmes moyens de fixation.

Tout le monde sait comment s'opèrent les ensemencements dans les terrains ordinaires; mais dans le sable que le moindre vent soulève et déplace, la graine serait promptement dispersée et mise au jour, si on ne parvenait à fixer le sable, non-seulement jusqu'à la germination de la semence, mais jusqu'à l'enracinement du jeune plant.

Répandre à la surface des sables la graine de pin mélangée à celles du genet, empêcher que celles-ci ne soient emportées ou bouleversées par la tempête en y superposant des broussailles dont l'approvisionnement à de grandes distances, le transport et la pose sont la principale dépense de l'entreprise, recouvrir graines et broussailles, avec la pelle, d'une couche de sable, quelquefois défendre l'ensemble du travail par une enceinte de clayonnages qui défile les vents, telle est, en quelques mots, l'opération du reboisement.

Semées généralement à l'automne avec ces précautions, les graines lèvent au printemps suivant. A partir de ce moment les sables sont solidement fixés et les vents sont sans action sur eux. On cherche, d'ailleurs, autant que possible, à préserver les forêts ainsi créées contre de nouvelles invasions. Dans ce but, on dispose au haut du rivage de la mer des clayonnages en broussailles destinées à arrêter les sables qui, en se superposant les uns aux autres entre ces obstacles, constituent avec le temps une falaise artificielle qu'on appelle Dune littorale et qui est assez élevée pour que les sables marins ne puissent de longtemps la franchir; cependant, quand ils sont trop violents, les vents ouvrent des brèches qu'il importe de refermer au plus tôt. D'ailleurs, la butte ou chaussée littorale résistera-t-elle toujours aux forces naturelles? Les sables vomis par la mer ne s'amoncèleront-ils pas à une assez grande hauteur pour franchir cet obstacle, puis, en s'avançant vers les terres ne s'élèveront-ils pas au-dessus des forêts des Dunes? En un mot, qui sera vainqueur, l'homme ou la nature? C'est le secret d'un avenir heureusement éloigné. Toutefois, pour conserver son œuvre, l'homme sera tenu à une lutte constante contre la mer et les vents et les sables.

Le genêt, qui croit rapidement dans ces terrains siliceux et qui résiste aux chaleurs intenses, protège d'abord le pin contre les ardeurs trop brûlantes du soleil; mais quand il a achevé toute sa croissance, le genêt sèche et meurt pendant que le pin le dépasse.

Il est à observer que sur une zône de 200 mètres environ à partir de la Dune littorale, il ne peut croître que du gourbet et de l'immortelle de mer; que sur une autre zône de 200 mètres, le pin desséché en tête par le vent marin s'étale péniblement sur le sol, sans pouvoir s'élever, et qu'il ne commence à prospérer qu'au-delà de ces 400 mètres.

Croissant naturellement dans les landes sablonneuses de la Gascogne, et trouvant dans les Dunes toutes les conditions d'une végétation luxuriante, les pins y constituent, en ce moment, d'immenses forêts dont les principaux produits consistent dans les sucs résineux à l'extraction desquels elles sont soumises.

Malheureusement il n'était pas facile d'user des mêmes moyens pour la fixation et la mise en valeur des Dunes du Nord de la France. On craignait que le pin maritime, si approprié aux Dunes du Midi, ne le fût beaucoup moins, sous un climat beaucoup plus froid, aux Dunes de la Manche, et pendant longtemps on a reculé devant l'emploi de cette essence.

Cependant le génie entreprenant des habitants du Nord ne devait pas rester indéfiniment inactif, et il était dans sa nature de finir par opposer les plus grands efforts à l'invasion des sables sur des terrains de grande valeur, et dont l'ensablement était, par conséquent, autrement désastreux que celui des landes infertiles de la Gascogne.

Faute de confiance dans le pin maritime et dans toute autre essence forestière, on eut d'abord recours dans le Nord, comme on le fait souvent encore aujourd'hui pour fixer les sables, à une plante sans valeur, à l'oyat.

## VI.

Ainsi que je l'ai dit, l'oyat ou gourbet est plus répandu à l'état naturel dans les Dunes du Nord que dans celles du Midi, et il se propage assez facilement sur beaucoup de points des premières, soit par la graine, soit par le drageonnement des racines.

C'est, d'ailleurs, dans les parties les plus rapprochées de la mer qu'il est le plus abondant, et c'est là qu'on s'en approvisionne pour garnir les Dunes mobiles.

On comprend, du reste, que plus les oyats sont nombreux, plus la fixation des sables est assurée ; mais plus aussi la dépense de cette fixation s'élève.

L'expérience a démontré que, suivant que les sables sont plus ou moins mouvants et, par conséquent, plus ou moins difficiles à fixer, la distance en tous sens des plants d'oyats doit être à peu près de 0,25 au minimum et de 0,40 au maximum, c'est-à-dire que la quantité de ces plants doit s'élever dans le premier cas à 160,000 et dans le second à 62,500 par hectare.

La dépense dépend aussi de la distance à laquelle on va chercher l'oyat et des soins qu'on apporte à son extraction.

L'extraction avec racines coûte plus cher qu'une simple coupe, rez sable, de cet arbuste. Malheureusement les propriétaires sont souvent trompés par les ouvriers qui, lorsqu'ils sont payés au millier de plants, sont intéressés à les extraire et à les mettre dans le sable avec le moins de racines possible. Quelquefois ce sont les propriétaires eux-mêmes qui, par motif d'économie, ne demandent à leurs ouvriers que des touffes d'oyats sans racines et les font planter comme des boutures.

Ainsi est-ce le plus souvent à la mauvaise exécution du travail qu'il faut attribuer l'insuccès des plantations qui, mourant en grande partie faute d'un enracinement convenable et, par conséquent, incapables de maintenir les sables, ont besoin d'être remplacées avec des frais qui s'ajoutent aux premiers pour former un ensemble de dépenses beaucoup plus élevé que la dépense d'une plantation exécutée dans les conditions les plus convenables et dont la réussite serait dans ce cas infaillible.

L'oyat ne remplit, d'ailleurs, que très-incomplètement les intentions des propriétaires de Dunes.

Cette plante est trop dure pour pouvoir être mangée par le bétail envoyé dans les maigres pâturages des plaines sablonneuses des Dunes, et elle n'est guère broutée que par les lapins qui pullulent dans ces parages et qui, en l'attaquant, obéissent presque autant à un besoin naturel de ronger, qu'au besoin de se nourrir.

Aussi les plantations d'oyats ne pourront-elles réussir complètement tant qu'on ne se décidera pas à détruire ces animaux ou tout au moins à en diminuer considérablement le nombre.

D'un autre côté, l'oyat ne sert qu'à des industries infimes, à la fabrication de paillassons avec sa tige et à celle de brosses, improprement dites de chiendent, avec ses racines.

De si minimes industries ne procurent, on le conçoit, à l'oyat aucune valeur ; elles ne peuvent, d'ailleurs, s'alimenter que par le maraudage au moyen d'extraction et de déracinement de cet arbuste, qui, en bouleversant les sables, compromettent le succès des travaux de plantation et de fixation.

Enfin, quoique longues et nombreuses, les racines d'oyats sont trop menues et trop faibles pour maintenir longtemps les sables dans les parties les plus exposées aux vents de mer.

Il arrive souvent, en effet, que la tempête ébrèche le sommet des Dunes, que la brèche s'élargit, que les oyats placés dans cette ouverture sont emportés avec les sables, et qu'il faut réparer le mal en procédant à de nouvelles plantations.

On conçoit qu'après tant de déceptions et de mécomptes avec une plante aussi ingrate que l'oyat, et qui demande tant d'entretien, les propriétaires des Dunes du Nord aient cherché à y introduire une culture plus avantageuse.

## VII.

Les merveilleux résultats obtenus dans les Dunes du Midi, par la culture du pin maritime, finirent par encourager quelques particuliers à introduire le même pin dans les Dunes du Nord; ils se sont mis à l'œuvre et depuis une trentaine d'années on a, à diverses reprises et sur plusieurs points, procédé à des semis de cette essence.

Les Dunes du Midi sont contiguës à de vastes terrains en friche à base siliceuse, dans lesquels des arbustes silicicoles croissent naturellement avec la plus grande vigueur. Les bruyères, les genêts et les ajoncs y acquièrent des dimensions extraordinaires, et ce sont ces arbustes qui ont commencé à fournir les couvertures dont j'ai dit qu'on se servait pour maintenir les sables et la graine après l'ensemencement.

Plus tard, quand les premiers pins furent devenus grands, on utilisa leurs branches quoiqu'elles ne valussent pas les ajoncs, sous les gras détritus desquels les jeunes plants levaient beaucoup plus vigoureusement que sous les maigres débris des pins.

Mais, dans le Nord, toutes les tèrres limitrophes des Dunes sont soumises aux plus riches cultures. Les arbustes sauvages dont je parle y font donc défaut, et ceux qu'on trouve dans les fonds incultes de la chaîne des Dunes, les saules nains (1) et les

(1) *Salix arenaria.*

épines marines (2) ne sont pas assez abondants et n'ont ni la contexture, ni la consistance nécessaires pour servir de couverture aux semis de pin.

Des propriétaires ont essayé de couper l'oyat rez du sol et d'en planter la tige sous une certaine inclinaison pour retenir les sables ; mais ainsi coupés et plantés les oyats ne tardaient pas à mourir.

Aussi, c'est le plus généralement à l'aide d'oyats plantés avec leurs racines dans le sable qui couvre la graine de pin qu'on garantit celle-ci contre l'action des vents, jusqu'au moment où le plant de cette essence soit capable de se défendre lui-même et de fixer la Dune. Ce procédé a la plus grande analogie avec celui qu'on a quelquefois employé, pendant les premiers temps, dans les Dunes du Midi, sous le nom de mode par aigrettes, qui consistait à garantir la graine au moyen de rameaux de genêts, de bruyères et même d'ajoncs plantés en quinconces; mais ce mode, qui n'avait d'autre avantage que de ne pas nécessiter une aussi grande quantité de broussailles que celui par couvertures, a été abandonné, dès que cela a été possible, comme étant beaucoup moins favorable que ce dernier à la réussite des semis.

Nous avons dit dans quel but on mélangeait, dans

(2) *Argousier faux nerprum Hippophae rhamnoïdes.* Arbrisseau à branches épineuses, de la famille des Eléagnées, très-répandu dans les plaines sablonneuses et humides de la chaîne des Dunes du Nord.

le Midi, la graine de genêt à celle du pin. Mais dans le Nord le pin n'ayant point à redouter les rayons d'un soleil beaucoup moins ardent, n'a pas besoin de la protection du genêt, et se contente de celle de l'oyat.

On comprend d'ailleurs que quand il est planté dans le but seulement de prévenir pendant quelques mois le bouleversement de la graine de pin par les vents de mer, l'oyat doive être en moindre quantité que quand il est seul et destiné à fixer la Dune par lui-même.

Semer la graine de pin et planter en oyats immédiatement après l'ensemencement, c'est le plus sûr moyen de réussir dans les sables les plus mouvants et les plus exposés à la tempête; mais dans les sables déjà suffisamment fixés par des oyats ou par des graminées venus naturellement, on se contente de jeter la graine dans le sillon tracé par la charrue et refermé avec la herse ou dans la fente faite par le fer d'une bêche, ou même dans le trou ouvert par une simple canne-semoir.

## VIII.

L'atmosphère, ce réservoir inépuisable d'acide carbonique, ne manque jamais à sa fonction de fournir aux plantes leur carbone ; mais l'eau ne joue pas un rôle moins important. Elle ramollit, ameublit la terre et la rend pénétrable à l'air ; elle sert de véhicule et de dissolvant aux principes minéraux nécessaires à la formation des végétaux ; elle fournit l'oxigène et l'hydrogène entrant dans leur composition élémentaire ; elle contribue à la formation de la sève annuelle et enfin elle pénètre à l'état naturel dans tous les arbres dont les pores la soutirent du sol.

Aussi, en considérant que l'eau est nécessaire à la végétation et que, sans être en excès, sa quantité doit être proportionnée au volume des plantes, ne peut-on s'empêcher de reconnaître que de la constitution physique et hygroscopique du terrain dépend principalement la végétation. Il est, en effet, facile de remarquer que, partout où l'eau est insuffisante, cette végétation languit malgré l'abondance de l'acide carbonique de l'atmosphère et des principes minéraux du sol.

Le pin maritime, qui se plait dans les terrains à base siliceuse , trouve , d'ailleurs, dans les sables, beaucoup plus qu'on le croit généralement, les conditions hygroscopiques dont nous parlons.

Doués d'une puissance de capillarité qui est en rapport direct avec leur ténuité , les sables ont la propriété d'attirer, jusqu'à une certaine hauteur, l'eau tombée à la surface du terrain sur lesquels ils reposent. C'est ce qui explique la fraîcheur et l'humidité qui existent presque toujours, sinon à la surface même , du moins à l'intérieur d'une masse sablonneuse ; c'est ce qui explique pourquoi, en creusant certaines Dunes, on y trouve l'eau qu'on ne trouve pas dans les plaines d'alentour; pourquoi, par conséquent aussi, ces Dunes sont à l'intérieur plus humides que ces plaines.

Il s'ensuit que dans les landes de la Guienne, dont le sous-sol, composé d'un grès ferrugineux imperméable, retient toutes les eaux pluviales, les sables qui les couvrent et, par conséquent, ceux des Dunes sont toujours très-mouillés jusqu'à une assez grande hauteur. Aussi, avec la chaleur humide qu'ils trouvent dans la partie basse de ces Dunes qu'échauffe l'ardent soleil du Midi, les semis de pin ont-ils la végétation la plus remarquable, tandis qu'elle s'amoindrit à mesure qu'en s'élevant les sables sont moins humides. On peut assurer, du reste, que la végétation du pin est d'autant plus active, que les sables ont plus de ténuité, plus de fraicheur et moins d'altitude.

En parcourant les Dunes de la Manche, on reconnaît bientôt que les terrains sur lesquels elles reposent sont généralement beaucoup plus perméables que celui des landes de Gascogne, que l'eau y séjourne moins longtemps, que, par conséquent, les Dunes y sont beaucoup moins humides, et c'est autant à cette circonstance qu'à une moindre clémence du climat qu'il faut attribuer l'infériorité de la végétation des pins dans le Nord relativement à celle de la même essence dans le Midi.

Mais, comme partout ailleurs, quand les plaines

sur lesquelles s'élèvent les Dunes du Nord retiennent en quantité suffisante les eaux pluviales, et quand, par conséquent, en vertu de leur capillarité, les sables sont saturés d'assez d'humidité, le pin acquiert un développement considérable. C'est ce qui se remarque dans les environs de Boulogne-sur-Mer où les sables reposant sur des couches argileuses aquifères du terrain jurassique du Bas-Boulonnais, ont toute l'humidité nécessaire pour la végétation des pins, qui est, en effet, remarquable depuis que leurs racines se sont assez alongées pour participer à cette humidité.

Nous ajouterons que les plaines de cette partie de la chaîne des Dunes sont, par la même raison, assez fertiles pour la complète réussite des diverses autres essences forestières que le propriétaire y a introduites et qu'il cultive, d'ailleurs, avec la plus grande intelligence.

Sur d'autres points du littoral de la Manche, les Dunes sont assises sur des alluvions marines argilo-sablonneuses reposant elles-mêmes sur des couches tellement perméables du terrain crétacé, que les sables manquant de l'humidité suffisante, les pins sont loin d'y avoir une végétation aussi vigoureuse.

## IX.

Il n'est, d'ailleurs, pas possible de prédire quel sera l'avenir des pins dans les Dunes du Nord, jusqu'à quel âge ils pourront vivre, à quel usage ils pourront servir, et quelle valeur ils acquerront.

Le climat n'est pas assez chaud pour que le pin y produise les sucs résineux qui font en ce moment la fortune des landes et des Dunes de Gascogne. Cette essence ne pourra jamais y être soumise qu'à des exploitations moins avantageuses : il est permis cependant d'espérer qu'elle acquerra les dimensions voulues pour les perches destinées au soutènement des mines du Nord.

Il faut, d'ailleurs, que la première génération des pins soit épuisée, pour qu'on juge de ce qu'elle aura produit et de ce que celle qui lui succèdera pourra produire.

Nous inclinons à croire, cependant, que les pins actuels ne pourront se reproduire suffisamment par les moyens naturels, et qu'ils devront être remplacés artificiellement.

Du reste, malgré les primes accordées, par l'un des départements du Nord, pour les plantations d'oyats opérées dans certaines conditions règlementaires, malgré les subventions en graines accordées par l'État pour semis de pins maritimes, quelques propriétaires ne paraissent pas encore sûrs que la voie qu'ils ont suivie en plantant l'oyat, ou en introduisant le pin dans les Dunes, ait été la meilleure et ils essaient de nouvelles cultures. Actuellement, ces propriétaires n'ont plus confiance que dans les peupliers de Virginie, du Canada et de la Caroline, très-répandus et qui réussissent bien dans les terres basses des départements du Nord, et ils les plantent non-seulement dans les plaines, mais même jusqu'à une assez grande élévation dans les Dunes.

Après examen des peupliers plantés depuis plus ou moins de temps, il est difficile de partager cet engouement. Quelle que soit, en effet, l'humidité à l'intérieur des sables, les peupliers, en supposant même qu'ils puissent acquérir une certaine hauteur dans les plaines les plus fertiles de la chaîne des Dunes, ne trouveront jamais, sur les monts où ils seront toujours contrariés par la violence des vents marins, les conditions naturelles nécessaires à leur entier développement; ils n'y croîtront jamais comme ils croissent sur les bords d'une eau courante ou dans les frais terrains d'une profonde vallée, et ils n'y réussiront qu'à la condition d'être récépés, comme j'en ai vu un grand nombre, à de courts intervalles, mais dans ce cas ils ne seront que d'un produit très-minime

Dans les environs de Dunkerque, un propriétaire de Dunes ne s'est pas contenté d'y planter le peuplier, il y a semé de la luzerne sur de grandes surfaces.

La luzerne avait bien levé et donnait de belles espérances; déjà même on avait proclamé un progrès nouveau.

L'infertilité relative des sables, en produits agricoles, était un préjugé des anciens temps, et on décernait les plus grands éloges à celui qui avait mis ce préjugé à néant, par une admirable conquête sur la nature ingrate des Dunes.

Malheureusement, on s'était trop hâté, car au moment même où s'imprimait l'annonce de ce nouveau progrès, l'intempérie d'une seule nuit avait suffi pour presque tout détruire; malheureux résultat qui n'a pas cependant entièrement découragé le propriétaire entreprenant dont je parle, et qui ne l'empêchera sans doute pas de tenter un nouvel essai.

Enfin, un autre propriétaire a tenté la culture des topinambours ; mais ceux-ci ayant été détruits par les lapins qui foisonnent dans les sables, on ne peut savoir ce que serait devenue cette culture si elle avait été respectée par la dent de ces animaux.

Dans la Gascogne, les Dunes généralement situées sur les vastes terrains en nature de landes que possèdent les communes, étaient également la propriété de ces dernières ; mais non-seulement ces sables mouvants étaient sans la moindre valeur, c'était de plus un fléau redoutable qu'à raison, soit de leur peu de ressources, soit de leur peu d'initiative, les communes étaient impuissantes à arrêter, et c'est l'Etat qui, prenant en mains la défense du pays et agissant en vue d'un intérêt public de premier ordre, a fait, dans le Midi, par application du décret de 1810, tous les frais de la fixation et du reboisement des Dunes.

Dans le Nord, les Dunes sont presque généralement des propriétés privées auxquelles le fermage de la chasse des lapins et du pâturage donnent une certaine valeur.

Communes et particuliers faisant preuve, d'ailleurs, de plus d'initiative que dans le Midi, ont cherché à les mettre en valeur au moyen de plantes à enracinement profond sans lequel elles périraient faute de trouver à la surface l'humidité suffisante.

## X.

L'humidité est indispensable à la végétation des plantes, mais l'eau n'est pas la seule condition nécessaire.

Le sable des Dunes, il est vrai, n'est pas de la silice pure ; il est mélangé de sels marins et d'éléments calcaires provenant de débris de coquilles marines ; mais ces éléments sont insuffisants pour la formation de certaines plantes et c'est à l'absence ou à l'insuffisance d'autres éléments qu'il faut attribuer l'insuccès de la culture des céréales dans les terrains presque exclusivement siliceux, tandis que la réussite de plusieurs autres plantes, telles que les pins et autres silicicoles, y est complètement assurée.

On sait que les terrains argilo-siliceux calcaires, quand ils contiennent en proportions convenables leurs principes minéraux constitutifs, sont à raison, soit de l'abondance et de la diversité de ces principes, soit des propriétés physiques qui résultent de la composition élémentaire du sol, propres à la plupart des cultures ; mais qu'une terre est impropre à plusieurs de celles-ci, quand l'un ou plusieurs de ces principes y font complètement défaut.

C'est ainsi que la Sologne, argileuse ou sablonneuse, suivant les lieux, et manquant de l'élément calcaire, est rebelle aux riches cultures ; qu'elle ne supporte que celle de certains bois, et qu'elle ne peut produire de céréales que moyennant l'immixtion du calcaire à l'élément siliceux.

C'est ainsi que partout où les terrains des landes de Gascogne sont exclusivement siliceux, ils ne conviennent presque qu'à la culture de certains arbres, principalement à celle du pin maritime, et qu'en les supposant même débarrassés de la couche de grès ferrugineux qui en forme le sous-sol et qui s'oppose à l'infiltration des eaux, ils ne pourront être appropriés à la culture des céréales que moyennant l'introduction des éléments minéraux qui leur manquent.

C'est ainsi que les terrains argilo-siliceux de la Mayenne, résultant d'une décomposition de schistes et dont les couches superficielles manquent aussi de l'élément calcaire, ne produisent le froment que depuis qu'elles sont amendées et divisées par la chaux provenant de la calcination des roches de marbre extraites des profondeurs du sol

Enfin, c'est aussi l'absence ou l'insuffisance des

éléments argileux ou calcaires dans les Dunes qui y explique l'impossibilité d'autres cultures que celle des plantes silicicoles, tant qu'on n'y aura pas introduit ces éléments au moyen des amendements nécessaires.

A l'Ouest de Dunkerque, certaines Dunes sont devenues des terres très-productives, depuis leur amendement par les limons du port de Dunkerque dont elles sont rapprochées ; mais on comprend qu'une pareille amélioration soit impossible dans les Dunes trop éloignées.

Cependant avec le temps, avec les besoins des progrès agricoles, correspondant au développement de la richesse publique et à l'augmentation de la population, les diverses Dunes du Nord de la France ne peuvent manquer d'être également l'objet d'améliorations, et peut-être résultera-t-il de ces effets la possibilité de tirer des sables un meilleur parti que celui qu'on en tire en ce moment.

Mais en attendant, et à moins que les plantations de peupliers dont j'ai parlé n'aient des résultats inespérés, je pense que de toutes les cultures tentées jusqu'à ce jour, c'est encore celle du pin maritime qui, dans les Dunes du Nord, offre le plus d'avantages.

Si, en effet, on considère qu'avec ses longues racines pivotantes et traçantes, ce résineux fixe le sable beaucoup plus solidement que toute autre plante; que la fixation coûte par hectare moins cher, en pins mélangés avec oyats qu'en oyats purs, par la raison qu'il faut beaucoup moins d'oyats dans le premier cas que dans le second ; que, d'ailleurs, les résineux très-résistants contre les vents sont d'un entretien beaucoup moins coûteux que les plantations d'oyats, et enfin que le produit de ces résineux sera toujours plus avantageux que celui des plantes qui ont été cultivées jusqu'à ce jour, on restera convaincu que c'est encore aux pins qu'il convient de donner la préférence.

Un progrès considérable a, d'ailleurs, été accompli.

Il y a cinquante ans, les Dunes du Nord non-seulement présentaient l'aspect de la plus complète stérilité, et personne ne songeait à apporter obstacle à leur marche envahissante.

Depuis lors on en a fixé la plus grande partie au moyen des plantes connues jusqu'à ce jour comme plus appropriées à la nature du sol. Ces essais ne peuvent encore être tous définitivement jugés ; mais je ne doute pas qu'avec leur esprit d'initiative et leur aptitude pour les travaux agricoles, les habitants des départements du Nord de la France ne finissent par obtenir dans les Dunes des résultats aussi satisfaisants que le permet la difficulté de l'entreprise.

Amiens. — Imprimerie de E. Yvert, rue des Trois-Cailloux, 64.

www.ingramcontent.com/pod-product-compliance
Ingram Content Group UK Ltd.
Pitfield, Milton Keynes, MK11 3LW, UK
UKHW021043180726
13838UKWH00004B/1976